AF299444

DICTIONNAIRE POPULAIRE
D'AGRICULTURE PRATIQUE

PARAISSANT PAR FASCICULES

Cet ouvrage, qui sera complet en 75 fascicules de 16 pages et qui formera un beau volume grand in-8° jésus de 1,200 pages environ, illustrées de nombreuses figures, a pour but de vulgariser, en les mettant à la portée de tous, les sciences agricoles, de « développer et de perfectionner l'enseignement agricole dans les établissements universitaires, et *en particulier dans les établissements d'enseignement primaire* », suivant l'arrêté du 25 octobre 1887 du Ministre de l'Instruction publique et du Ministre de l'Agriculture.

DEUX FASCICULES PAR SEMAINE

On souscrit à l'ouvrage complet reçu **franco** *au fur et à mesure de l'impression.*

Prix de la souscription. . . 20 francs

Payables en souscrivant, en un mandat-poste à l'ordre de l'Administrateur de LA FRANCE AGRICOLE, 18 *bis*, rue des Martyrs, Paris;

Ou **5** francs en souscrivant ; **5** francs au 20ᵉ fascicule ; 5 francs au 40° — 5 francs au 60° — ————— 20 francs.	Par mandats ou bons de poste à l'ordre de l'Administrateur de LA FRANCE AGRICOLE, 18 *bis*, rue des Martyrs, Paris.

PRIME. — Tout souscripteur, *ayant versé le prix intégral de sa souscription*, reçoit **franco**, sur sa demande **pendant toute la durée de la publication** du

DICTIONNAIRE POPULAIRE D'AGRICULTURE PRATIQUE

LA FRANCE AGRICOLE

JOURNAL DES SYNDICATS AGRICOLES

Gaston PERCHERON	P. DUBREUIL
RÉDACTEUR EN CHEF	ADMINISTRATEUR
Un an . . . . . . 6 fr. »	Un mois d'essai . . 1 fr. »
Six mois 3 50	Le numéro 0 10

Tous les Dimanches 12 pages in-4° à 3 colonnes

Pour les souscripteurs qui ne se libèrent pas de suite et qui désirent recevoir *pendant un an* LA FRANCE AGRICOLE, le prix total de la souscription est porté à

25 francs payables : 5 francs en souscrivant; 5 francs au 15ᵉ fascicule ; 5 francs au 30° — 5 francs au 45° — 5 francs au 60° —	Par mandats ou bons de poste à l'ordre de l'Administrateur de LA FRANCE AGRICOLE, 18 *bis*, rue des Martyrs, Paris.

Les souscripteurs recevront, *sans augmentation de prix*, les livraisons supplémentaires qui pourront paraître.

Après achèvement du Dictionnaire, le prix en sera augmenté.

IMP. P. DUBREUIL, 16 & 18 BIS, RUE DES MARTYRS.

ABAJOUES, espèces de poches que divers mammifères portent aux deux côtés de la bouche et qui leur servent à mettre en réserve, pendant quelque temps, ou à transporter à une certaine distance les aliments qu'ils ne veulent pas consommer de suite. C'est au moyen de ses abajoues que le Hamster (*Voy. ce mot*) emporte dans son terrier le blé qu'il prélève, souvent en assez grande quantité, sur la récolte du cultivateur.

ABATAGE DES ANIMAUX. L'abatage, pour les animaux de boucherie, porte en soi-même sa définition. Il est différents modes de tuer, selon les espèces et selon les religions. Il y a : 1° la masse ; 2° le merlin anglais ; 3° le masque Bruneau ; 4° la saignée selon le mode israélite ; 5° l'énervation ; sans compter le masque à cartouche en usage à Bâle, la dynamite et l'électricité, moyens étranges qui pourtant ont été proposés. 1° L'abatage par la masse était autrefois le plus communément employé. Mais il a des inconvénients. Le tueur manque souvent son bœuf, qui a, pour protéger en avant le centre cérébral, des sinus frontaux fort épais ; qui peut, quoique attaché à l'anneau du sol, se dérober tout à coup, fuir, et devenir très redoutable dans sa fureur. De plus, la cervelle était écrasée, perdue, pleine de caillots. Si le bœuf ne tombe pas sur-le-champ, s'il est mal frappé, son sang devient noir aussitôt, et il asphyxie lentement. De là une mauvaise saignée consécutive, de la viande moins nette et moins facile à conserver. 2° Le merlin anglais (fig. 1) a remplacé avantageusement la masse ; il est de date récente (1869). C'est une tige d'acier assez forte, creusée à l'emporte-pièce à son extrémité antérieure. La partie postérieure est massive, très lourde, et naturellement renforce le coup porté. L'instrument pénètre toujours jusqu'au cerveau, non sans avoir découpé plusieurs rondelles d'os dans les sinus du front. L'animal tombe comme frappé d'une balle. Par le trou, une baguette d'osier, introduite et poussée, arrête tout mouvement de la poitrine et des membres,

en détruisant la moelle épinière. A la Villette, la plupart des animaux de l'espèce bovine sont ainsi abattus. Ils ont sur les yeux un masque de cuir qui les empêche d'esquiver le coup. 3° L'appareil Bruneau (fig. 2), qui se recommande par les facilités qu'il donne, se compose d'un masque, très fortement agencé et adapté, au milieu duquel est pratiqué, à l'endroit du frontal, un conduit à parois de fer. Supposez qu'une sorte de poignard, en tout semblable au merlin anglais, soit placé dans cette gaîne, et, au lieu de manche, terminez-le par une large tête de boulon. Frappez avec un maillet sur ce boulon : l'animal sera comme foudroyé. Cette manière de faire est rapide autant que sûre. Un apprenti peut ainsi, sans danger, mettre à bas le

Fig. 1.

plus puissant des taureaux. Il a été adopté en beaucoup d'abattoirs, entre autres à celui de Bruxelles, et il est probable que les hygiénistes, d'accord en cela avec la Société protectrice des animaux, finiront par l'imposer. Cette heureuse invention de M. Bruneau date de 1873. 4° Les Juifs, depuis Moïse, ont gardé, par tradition et par esprit religieux, la même méthode de sacrifice, et l'on doit avouer que leur saignée est plus complète que celle obtenue par les autres modes d'abatage. La viande y gagne évidemment et se garde mieux. Mais la mort est plus longue et plus cruelle, parce que l'animal périt au bout de son sang ; ses nerfs sont intacts, puisque le sacrificateur ne doit pas toucher à la colonne vertébrale avec le fil de sa lame, sous peine de rendre la viande impure. Préalablement, on entrave le bœuf des quatre pieds, et le treuil de l'échaudoir les lui rapproche invinciblement jusqu'à la chute. Puis l'animal, tombé sur le dos, livre sa tête à l'exécuteur ; elle est ramenée en arrière, porte sur les cornes, et l'on comprend

Fig. 2.

bien que le cou soit alors tendu à l'extrême. Le *shohet*, ou sacrificateur, de son damas bien affilé, en une seule fois tranche la gorge, les artères, les veines, la trachée, l'œsophage. Un flot de sang jaillit aussitôt de cette plaie monstrueuse ; les yeux roulent, le mufle se contracte, les membres secouent énergiquement leurs entraves ; la respiration se fait en vain par les naseaux largement séparés des poumons ; mais elle se fait encore, avec un horrible bruit, par le côté du corps où le trou de la trachée reste béant. La tête s'agite désespérément, par la colonne vertébrale, qui seule la tient encore attachée. Tel est le spectacle qui se termine par l'immobilité absolue, après dix longues minutes d'agonie. Quand le bœuf est ouvert, le sacrificateur examine le poumon, le foie, la tête, avec soin. Il ne doit rien y trouver de suspect, sans quoi la viande est déclarée *tarref*, c'est-à-dire impropre à la consommation pour les juifs. Dans le cas contraire, elle est marquée d'un signe en hébreu, et elle est *kascher*, c'est-à-dire qu'elle satisfait aux conditions du sacrifice hébraïque. Les veaux et les moutons sont sacrifiés de la même façon. 5° L'énervation exige beaucoup d'adresse et de sang-froid ; elle est un reste des traditions en usage chez les anciens gladiateurs et chez nos actuels toréadors. C'est dans le Midi, à Nîmes surtout, qu'on la pratique. Un coup de stylet ou de poignard, entre les deux premières vertè-**bres**, à un endroit précis, articulation de

l'atlas et de l'axis, la tête de l'animal étant fléchie vers le sol, et c'en est fait. La moelle se trouvant blessée, à l'endroit que les médecins ont appelé le nœud vital, l'animal s'affaisse aussitôt, puis on le saigne. Cette coutume, qui est toute méridionale, tendra, peu à peu, à disparaître, surtout des grands abattoirs où elle exigerait un personnel difficile à former. Comme on le voit, ces divers modes d'abatage varient dans un même abattoir selon les animaux. Les porcs sont assommés le plus souvent, d'un coup de maillet en bois, et saignés sur-le-champ. C'est l'habitude dans les campagnes ; on peut aussi les égorger simplement. Or, en ce cas, l'animal étant tenu couché de force, son égorgement le mettra à bout de sang, et plus complètement il sera saigné, meilleure sera la viande. Les porcs des concours sont traités de cette façon, afin qu'ils soient plus blancs et qu'ils aient la tête exempte des traces de *l'assommage*. Quant aux veaux et aux moutons, on les égorge simplement, après les avoir couchés ou liés sur l'étau, les gens du métier disent l'*étou*. C'est le procédé israélite, moins ses minuties. Parfois le veau est attaché verticalement à un treuil, par les pieds postérieurs ; de la sorte on l'exécute, la tête en bas, et il se balance lamentablement jusqu'à sa mort. Les moutons sont placés côte à côte sur une sorte de long établi à claire-voie ; ils sont tenus les uns par les autres, de façon qu'ils n'ont pas besoin d'être ligotés. Sitôt qu'ils ont la gorge coupée, les tueurs ont l'habitude de leur renverser fortement la tête en arrière ; même l'ouvrier souvent introduit son fusil à aiguiser dans le canal rachidien et fait cesser les mouvements des membres, qui semblent tricoter en l'air d'une façon désordonnée. On abrège ainsi également les souffrances du veau sitôt qu'il a la gorge ouverte, et cette façon d'opérer équivaut presque à une décapitation.   E. PION.

ABATAGE des arbres. (Sylv.) Action de séparer un arbre de sa souche qui reste en terre. L'abatage s'exécute différemment suivant qu'il s'agit d'un taillis ou d'une futaie. Les arbres des futaies, étant généralement d'un âge déjà très avancé, sont abattus rez-terre ou par arrachage de la souche et on se sert, pour exécuter ce travail, d'une hache ou d'une scie. Quel que soit le moyen employé, il est essentiel d'ébrancher au préalable les arbres destinés à être coupés, afin que dans leur chute ils ne puissent s'accrocher à leurs voisins et abîmer le sous-bois ; cet ébranchage doit toujours être commencé par le bas et lorsque l'homme est arrivé au faîte de la tige principale, il y fixe une forte corde qui sert à diriger l'arbre dans sa chute. Autant qu'on le peut, il faut donner à ces arbres une direction telle qu'en tombant, ils causent aussi peu de dommages que possible et, quand on est sur un sol en pente, on cherche généralement à les faire choir vers le haut du terrain. Les bûcherons qui se servent de la hache commencent par creuser une entaille du côté où l'arbre doit tomber et, lorsqu'elle a atteint les deux tiers du diamètre, ils en ouvrent une seconde du côté opposé et un peu au-dessus de la précédente; au moment où l'arbre ne repose plus que sur une faible base, un ouvrier tire sur la corde pour le diriger vers le point voulu. On ne se sert de la cognée que pour des arbres dont le diamètre ne dépasse pas 0ᵐ30 à 0ᵐ40; appliqué à des arbres plus gros, ce mode d'abatage donne lieu à des pertes de bois assez grandes, le creusement des entailles réduisant une assez forte proportion de la tige en copeaux sans valeur, et cela précisément à l'endroit où le diamètre présente ses plus grandes dimensions; de plus, pendant la chute, deux fentes peuvent se produire à la base des arbres, ce qui diminue leur valeur. Pour éviter ces pertes on remplace la hache par une scie spéciale, dite *passe-partout*, de sorte que l'entaille se réduit à un simple trait de scie beaucoup moins dommageable. L'arbre est également attaqué du côté de sa chute et coupé jusqu'aux deux tiers de son diamètre; on a soin, pendant ce travail, de le soutenir afin qu'il n'exerce pas sur la scie une pression trop forte; cela fait, on introduit deux coins dans l'entaille et on exécute un second trait du côté opposé et un peu au-dessus. Comme la manœuvre horizontale de cette scie ne laisse pas que d'être fatigante pour les ouvriers, on emploie, dans quelques grandes exploitations, des scies mues par la vapeur. Lorsqu'il s'agit d'abattre de gros arbres dont les produits ont une très grande valeur et que l'on a par conséquent intérêt à conserver entiers, l'abatage se fait à *cul noir* : les grosses racines, mises à nu, sont coupées à la hache de même que le pivot et l'arbre tombe avec toute sa culée : on gagne ainsi de 30 à 50 centimètres de tige qui se trouvaient en terre. L'abatage des arbres dans les futaies se fait généralement au moment du repos de la sève : du 15 octobre jusqu'en février ou mars. On trouve à opérer à ce moment de très grands avantages : d'abord les travaux culturaux étant arrêtés, il est facile de recruter les ouvriers nécessaires; la vidange des bois coupés est plus facile et les véhicules peuvent circuler dans la forêt sans causer de dommages appréciables aux jeunes bois, moins cassants que lorsque la sève est en mouvement; les tissus ligneux contiennent moins de liquide et sont moins susceptibles de s'altérer; le commerce préfère les bois coupés en hiver, dont la durée est, paraît-il, plus longue et même, comme bois de chauffage, il semblerait que ces bois brûleraient plus facilement, tout en donnant une chaleur plus élevée, que ceux coupés pendant la végétation. Toutefois, comme il n'est pas de règle sans exception, disons qu'il est utile d'arrêter l'abatage pendant les grands froids, sous l'action desquels les arbres se rompent aisément dans leur chute et qui amènent souvent leur éclatement. De même s'il s'agit d'essences résineuses placées sur des montagnes occupées par la neige durant l'hiver, l'abatage

se fait en pleine sève, en mai ou juin, et on estime qu'à la condition d'écorcer immédiatement ces bois, leur solidité et leur dureté sont augmentées. Pour les taillis, dont la régénération se fait à peu près exclusivement par rejets et drageons, il y a avantage à abattre les arbres avant l'entrée en mouvement de la sève; mais toutefois on doit, autant que possible, éviter de couper en automne ou en hiver, l'intensité du froid pouvant altérer les souches et les fortes gelées pouvant détacher l'écorce du bois, ce qui rend impossible toute émission de rejets; pour la France, l'époque la plus favorable paraît être comprise entre le 1ᵉʳ février et les premiers jours d'avril. Il va de soi que si, pendant cette période, de grands froids surviennent, l'abatage doit être interrompu. Coupés trop tard les arbres ne rejettent plus avec une aussi grande vigueur qu'ils le font au printemps et les rejets obtenus, tendres et mal aoûtés, ne résistent qu'imparfaitement aux froids de l'hiver : on perd ainsi une année. Seuls, les arbres dont l'écorce est employée dans les tanneries doivent être abattus en temps de sève : avril à juin. Dans les bois soumis au régime forestier, l'abatage doit être terminé au 15 avril et, si le bois est écorcé, au 1ᵉʳ juillet. Lorsque le diamètre des arbres est supérieur à 0ᵐ10, les bûcherons se servent de la hache, tandis qu'ils emploient la serpe et les traînants d'un diamètre moindre; on peut même faire usage d'une petite scie à main pour les brins les plus faibles, à la condition toutefois de faire une section oblique. Il faut toujours donner aux souches une forme telle que les eaux de pluie ne puissent séjourner à leur surface, ce qui amènerait leur prompte décomposition : on fera donc la section plutôt convexe que concave; cette section doit être faite aussi près que possible de terre, afin que les rejets soient plus rapprochés des racines et puissent résister aux intempéries, aux vents violents notamment; dans tous les cas, l'écorce doit toujours rester adhérente à la souche, faute de quoi les bourgeons ne peuvent se former. Cet abatage rez-terre n'est cependant pas appliqué à l'exclusion de tout autre : quand les souches sont déjà vieilles ou lorsque l'essence composant le taillis n'émet qu'assez difficilement des rejets, comme le hêtre ou même le charme dans les sols froids et humides, de même lorsque les forêts sont inondées pendant l'hiver, on a avantage à couper à une certaine hauteur, parce que, dans le premier cas, la coupe se trouvant faite dans le jeune bois, il en résultera une production assez abondante de rejets et, dans le second, l'eau, ne pouvant pénétrer entre l'écorce et le bois, ne pourra par conséquent les séparer en se congelant. Quand les taillis sont composés d'essences dont les racines ont la propriété d'émettre des drageons, il est facile d'assurer leur perpétuité en coupant la souche entre deux terres, c'est-à-dire au-dessous du collet.　　　G. Barbut.

ABAT-FOIN, ouverture pratiquée dans le plancher des écuries pour faciliter la distribution des fourrages. (*Voy.* Constructions rurales).

ABATIS. (Écon. dom.) On désigne ainsi, en termes de cuisine : les pattes et la tête, le cou et les ailerons d'une volaille ; en termes de boucherie : la peau, la graisse et les tripes des animaux de boucherie. — (Sylv.) (*Voy.* Exploitation des bois).

ABATTOIR, établissement communal public où sont conduits, abattus et préparés les grands animaux domestiques destinés à la nourriture de l'homme. La création de ces établissements est toute moderne et ne remonte qu'au commencement du siècle. Le premier abattoir fut créé, à Paris, en 1810. Plus tard, les grandes villes de France et de l'Europe eurent également leurs abattoirs. Actuellement, beaucoup de petites villes elles-mêmes en sont pourvues. Dans les petites villes, les bourgs, les villages qui en sont encore privés, les animaux sont sacrifiés dans des boucheries ou dans des tueries particulières. L'abattoir étant compris parmi les établissements insalubres régis par le décret du 15 octobre 1810 et par l'ordonnance royale du 15 avril 1838, la création d'un tel établissement ne peut être obtenue qu'en vertu d'une autorisation spéciale de l'autorité administrative et après les formalités exigées par les règlements sur la matière. Tout d'abord et en sa qualité d'établissement communal, cette création est subordonnée à une délibération du Conseil municipal. Cette délibération, à laquelle sont joints les plans des lieux et ceux des constructions projetées, est adressée au préfet qui statue, le Conseil de préfecture entendu. Le projet visant l'établissement projeté, est annoncé par voie d'affiches apposées pendant un mois et dans toute commune placée dans un rayon de 5 kilomètres. En outre, le maire procède à une enquête *de commodo et incommodo* afin de recueillir les avis favorables ou défavorables concernant ce même projet. Si des expropriations deviennent obligatoires pour l'acquisition de l'emplacement choisi, on procède d'après les prescriptions édictées par la loi du 3 mai 1841 relative à l'expropriation pour cause d'utilité publique. Enfin, le décret du 1er août 1864 qui autorise les préfets à statuer sur les propositions d'ouvrir des abattoirs, s'occupe également de régler les taxes qui peuvent être perçues au profit des communes. Ces taxes ne sauraient dépasser le maximum de 0,015 par kilogramme de viande de toute espèce. Si les communes ont contracté des emprunts, elles peuvent toutefois être autorisées à percevoir une taxe de 0,02 par kilogramme de viande nette, jusqu'au jour où l'emprunt sera amorti ou le concessionnaire indemnisé de ses dépenses. D'après la loi du 5 avril 1884 sur l'organisation municipale, la police des abattoirs est assurée par les soins du maire de la commune. Ce magistrat règle, par des arrêtés, l'heure d'ouverture et de fer-

meture et prend toutes les mesures se rapportant à la sécurité, à la bonne tenue, à la salubrité de l'établissement. Il pourvoit également à la nomination des employés et des fonctionnaires. Le traitement des uns et des autres est prélevé sur le budget communal. Aux termes de l'article 90 du décret d'administration publique du 22 juin 1882, « les abattoirs publics et les tue- « ries particulières sont placés, d'une manière « permanente, sous la surveillance d'un vété- « rinaire désigné à cet effet. » Cette surveillance incessante exercée par un vétérinaire est appelée à rendre des services considérables à l'hygiène publique. Elle seule, effectivement, permet de contrôler la viande, de n'accepter que celle qui est de bonne qualité et de rejeter, au contraire, toute viande mauvaise ou provenant d'animaux atteints de maladies transmissibles à l'homme. En outre, si des animaux sont reconnus atteints de maladies contagieuses, les autorités locales sont immédiatement renseignées sur le point de départ de l'affection, et elles peuvent prendre, de suite, les mesures prévues par la police sanitaire pour en enrayer la propagation. Malgré ces avantages incontestables d'une inspection vétérinaire, beaucoup d'abattoirs, grâce à une négligence coupable de l'autorité communale, sont encore surveillés par des hommes n'ayant aucune compétence sur la matière. C'est là une atteinte aux vues du législateur et dont les conséquences peuvent se répercuter puissamment sur la santé du consommateur tout en favorisant l'extension des maladies chez les animaux de la localité ou même de localités très éloignées. L'article 99 de la loi municipale sus-indiquée donne toujours au préfet le droit de prendre toutes mesures relatives au maintien de la salubrité pour toute commune où ces mesures auraient été négligées. Conformément à cette doctrine, c'est donc au préfet à exiger que l'inspection vétérinaire soit partout organisée dans les abattoirs ainsi que le commande l'article 90 du décret du 22 juin 1822. En ce qui concerne les tueries particulières, celles-ci sont interdites, par l'ordonnance du 15 avril 1838, dans toute commune pourvue d'un abattoir. L'emplacement d'un abattoir doit être choisi de manière qu'il soit éloigné des habitations ou tout au moins des centres les plus populeux. Un tel établissement doit avoir accès sur une grande place à laquelle aboutissent de larges avenues. Dans ces conditions, les graves dangers que font courir, à la population, des animaux conduits à l'abattoir ou qui s'en échappent accidentellement, se trouvent en partie conjurés. Il est bon que les abattoirs soient rapprochés des grandes voies de communication et des gares de chemins de fer. Avant tout, il est nécessaire de les placer à proximité d'un cours d'eau ou, tout au moins, de leur assurer de l'eau à foison. Avec cette eau, on peut faire des lavages presque incessants et débarrasser ainsi les cours et les échaudoirs du sang et des autres matières qui les salissent. On évite ainsi la dessiccation de

ces matières, leur putréfaction et les émana-
tions qui s'en dégagent en viciant l'air du voisinage. Pour bien répondre à son affectation,
un abattoir doit comprendre, dans son ensemble, les parties suivantes : 1° des bâtiments
spéciaux placés à son entrée et destinés au
logement du personnel, aux bureaux de l'inspecteur-vétérinaire, du receveur, des agents
de l'octroi. Dans tout abattoir bien organisé,
le vétérinaire devrait posséder un petit labora-
toire lui permettant de faire l'examen des
tissus malades et de se livrer à quelques
recherches bactériologiques. En dehors de ces
conditions, qui seules donnent la certitude
scientifique rigoureuse, le vétérinaire ne peut
guère se prononcer affirmativement dans beaucoup de circonstances. 2° Des bouveries, ber-
geries, porcheries bien aménagées, pour recevoir les animaux. Des greniers à fourrages y
sont annexés et les animaux sont surveillés de
manière à leur assurer les aliments solides et
surtout l'eau qui leur sont nécessaires. Dans
chaque abattoir, il convient d'établir une petite
étable pour y isoler les animaux suspects ou
atteints de maladies contagieuses; 3° des
remises et des écuries pour loger les chevaux
et voitures des bouchers, charcutiers, tripiers;
4° l'abattoir proprement dit comporte les
échaudoirs, c'est-à-dire les locaux séparés affec-
tés à chaque boucher pour abattre et préparer
ses animaux; 5° des bâtiments spéciaux pour
le travail des suifs, de la triperie et autres
issues, et pour les *brûloirs* destinés aux porcs;
6° il convient d'avoir une cour intérieure aussi
vaste que possible et bien plantée de grands
arbres. Il faut encore des cours intérieures
entre les grands corps de bâtiments, puis enfin
des cours de *vidanges* pour y déposer les matières provenant du tube digestif et les autres
immondices. Enfin et pour terminer, nous répé-
tons encore qu'il faut de l'eau à foison et les
moyens de se débarrasser de cette eau par des
voies d'écoulement sainement aménagées. Le
gaz doit aussi exister dans ces établissements.
Des glacières ont été créées, dans plusieurs
abattoirs, en Allemagne, pour la conservation
des viandes et mériteraient de l'être en France,
dans les grandes villes surtout. Des abattoirs
pour les chevaux ont été installés en France,
depuis une vingtaine d'années, dans plusieurs
grandes villes. A cet égard et comme règle-
ment, il sera bon de se reporter à l'ordonnance du préfet de police du 9 juin 1866, concernant la vente de la viande de cheval ou
d'âne pour l'alimentation de l'homme. D'après
cette ordonnance, les chevaux ne peuvent être
abattus que dans les tueries ou abattoirs auto-
risés à cet effet. Le transport, la vente et la
mise en vente, pour l'alimentation, de viande
de cheval *provenant des clos d'équarrissage* ou
de tueries particulières, sont prohibés. Les
viandes ne peuvent être enlevées de l'abattoir
qu'après avoir été reconnues saines et estam-
pillées par l'inspecteur-vétérinaire préposé à
cet effet. En somme, la création des abattoirs
constitue un progrès des plus marqués pour la

salubrité et l'hygiène publique. Pour cette rai-
son, de tels établissements se recommandent à
l'attention de tous et particulièrement à celle
des administrations locales. (*Voy.* POLICE SA-
NITAIRE). A. LAQUERRIÈRE.

ABAT-VENT, appareil fait de fascines et
destiné à garantir contre le vent et le mau-
vais temps les animaux parqués dans les her-
bages. (*Voy.* PARC).

ABCÈS. (Méd. vét.) On donne le nom d'abcès
à tout dépôt de pus qui se forme accidentellement au sein des tissus. CARACTÈRES. Les
caractères des abcès sont variables. Quand
le pus est superficiel, on le sent par l'explora-
tion : le centre du mal est mou et saillant. Il
se produit une fluctuation sensible lorsqu'on
presse avec la main la partie purulente.
L'abcès profond se reconnaît plus difficilement. La douleur, la tension des tissus, l'état
fébrile du malade le font soupçonner. TRAI-
TEMENT. On peut quelquefois prévenir la formation des abcès par l'application de cataplasmes,
de vésicatoires, de saignées, etc. Mais ces
moyens sont loin d'être toujours efficaces. Dès
qu'on redoute la formation d'un abcès, il faut
réclamer les soins du vétérinaire qui s'empres-
sera d'ouvrir la tumeur soit avec le bistouri,
soit avec le cautère en pointe chauffé au rouge,
puis agrandira l'ouverture pour donner écoulement au pus. Quand le pus est blanc jau-
nâtre, épais, crémeux, cela indique que l'abcès
est venu à maturité. L'opérateur a soin, après
avoir ouvert l'abcès, d'introduire dans son ori-
fice une mèche d'étoupe pour empêcher la poche
de se fermer. Des injections avec de la tein-
ture d'aloès étendue d'eau, du vin aromatique
diminuent la suppuration, raniment les tissus
et facilitent la cicatrisation. Les *abcès froids* se
traitent de la même façon, mais il faut insister
davantage sur les injections détersives, pour
en obtenir la guérison. Ajoutons qu'il y a toujours plus d'avantage à avancer qu'à retarder
l'ouverture des abcès.

ABEILLES. L'on désigne communément
par ce nom les insectes domestiques qu'on
entretient ou utilise pour en obtenir divers
produits dont les plus importants sont le miel
et la cire. Considérées sous ce point de vue
simplement utilitaire, les abeilles réuniraient
plusieurs espèces distinctes et propres à certaines régions dont elles sont originaires :
l'*Abeille commune* (*Apis Mellifica*), l'*A. ita-
lienne* (*Apis ligustica*), l'*A. fasciée* ou *égyp-
tienne* (*A. fasciata*), l'*A. des nègres* ou *d'Afrique*
(*A. nigritarum*), l'*A. unicolore* ou *de Mada-
gascar* (*A. unicolor*), et d'autres encore peu ou
point étudiées, cantonnées dans diverses îles
de l'Océanie. Les diverses espèces que nous
venons d'énumérer sont réunies par les naturalistes en un groupe unique sous le nom
d'*Apines*, lesquelles, en outre, réunies aux
Mélipones et aux *Bombines*, constituent la division des *Abeilles sociales*. Il existe quelques

espèces d'abeilles que leur conformation rapproche de celles que nous venons de citer, mais qui s'en séparent par leurs mœurs et leurs instincts : les unes, en effet, dépourvues d'organes collecteurs du *pollen*, ne pourraient réussir à élever leur progéniture ; un instinct nouveau, celui du parasitisme, y pourvoit en les portant à pondre leurs œufs dans des colonies d'abeilles mieux dotées. Ce sont là des *Abeilles parasites*, comprenant les *Psithyres, Nomades, Mélectes*, etc. D'autres ne se groupent point en colonies, chaque femelle travaillant seule aux soins de sa descendance, et constituent les *Abeilles solitaires*. Les remarquables instincts de ces dernières sont bien connus des naturalistes et leur ont valu les noms d'*Abeilles charpentières* (*Xylocopes*), d'*A. maçonnes* (*Chalicodomes*), d'*A. tapissières* (*Mégachiles*), etc. Toutes ces espèces, se rapportant au type abeille, constituent dans les classifications d'histoire naturelle la famille des *Apidés* (lat. *Apis*, abeille) ou des *Mellifères ;* voisines par la conformation et les mœurs, sont les *Vespidés* (guêpes et frelons) et les *Formicidés* (fourmis), réunies dans l'ordre des *Hyménoptères*, caractérisé par l'existence de quatre ailes membraneuses à nervures sans réseau (grec : *hymen*, membrane, *pteron*, aile) et croisées horizontalement pendant le repos. — **Histoire naturelle.** Envisagée exclusivement comme organisme producteur, l'abeille comprend : 1° un appareil buccal destiné à la succion du nectar et au travail de la cire ; 2° un appareil d'élaboration du miel ; 3° un organe sécréteur de la cire ; 4° enfin des appendices complétant le jeu de ces fonctions, tels que poils, pattes, glandes, etc. 1° *Appareil buccal :* La bouche de notre hyménoptère réunit plusieurs pièces distinctes : en avant, les mandibules, petites pinces coupantes et dentées, à mouvement latéraux, qui constituent, à elles seules, l'outillage cirier ; derrière, sont situées les mâchoires en forme de faucilles, hérissées de petits poils, et portant à leur base les palpes maxillaires (organes de l'odorat ?) ; viennent ensuite les palpes labiaux (organes du goût ?), et, entre eux, la languette, que le vulgaire apelle trompe. Cette languette, hérissée de petites soies, est surtout l'instrument collecteur du nectar des fleurs. S'insérant à l'entrée de la gorge ou pharynx, elle est flexible et rétractile, ce qui lui permet de se glisser dans les replis de la corolle, de s'y recouvrir de liquide et d'être rappelée en arrière où elle est comprimée et déchargée de sa cueillette. Cet organe est beaucoup plus développé chez les abeilles *ouvrières* que chez les individus sexués. 2° *Appareil d'élaboration :* Il est constitué par l'appareil digestif même de l'insecte, et comprend, comme dans la plupart des représentants de cet ordre : un jabot, où s'accumule la matière alimentaire mêlée à la salive ; un estomac en tube renflé, avec ses glandes annexes ; enfin, un intestin, court et large, terminé par un sphincter. 3° *Appareil cirier :* On sait que le ventre ou abdomen des hyménoptères est formé de segments cornés (6

chez l'abeille) réunis entre eux par un plissement continu de peau non chitineuse. La cire, sécrétée du miel sous l'action de glandes cellulaires, tapissant l'intérieur de l'abdomen, transsude à l'extérieur par ces plissements en des points que l'on appelle *aires cirières*. Il s'y développe des plaques de cire molle, blanchâtre, que l'animal recueille avec ses pattes et porte à ses madibules pour les pétrir. 4° *Appendices :* On peut réunir sous ce nom les antennes, communément nommées les cornes, organes de sens encore mal déterminés ; les pattes postérieures, véritable truelle de l'abeille et dont elle tire un multiple parti. Cet important outil mérite une mention spéciale. Le premier article du tarse ou troisième partie de la jambe, est élargie en une palette ou brosse hérissée de petits poils destinés à recueillir la poussière du pollen. Immédiatement au-dessus de cet article s'articule la jambe, qui présente une corbeille creusée à sa face externe, et des rangées de poils latéraux constituant le râteau. Grâce à ce délicat outillage, la poussière pollénique peut être recueillie et amassée en une pelote adhérente à la jambe et y constituant les culottes. Les pattes antérieures, également munies de poils, concourent aussi à la cueillette du pollen. 5° *Appareil vénénifique*, constitué par un aiguillon à barbelures recevant et conduisant dans la piqûre le venin sécrété par une glande en forme de tube sinueux. Les mâles en sont dépourvus. — Les *colonies* ou ruches d'abeilles contiennent, moyennement, de vingt à trente mille individus, comprenant, en général, une seule reine ou femelle féconde, et des *ouvrières* ou femelles infécondes, à organes reproducteurs atrophiés. Pendant la belle saison il s'y trouve aussi quelques centaines (jusqu'à quinze cents) de mâles ou *faux-bourdons* (fig. 3), de taille plus forte que celle des ouvrières (fig. 4). et dont l'unique fonction est d'opérer la fécondation des jeunes reines. La mère-abeille (fig. 5).

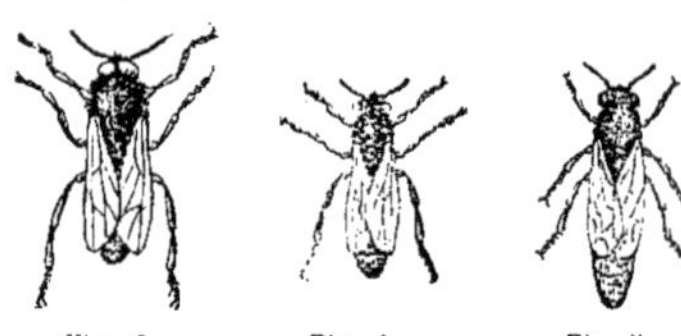

Fig. 3.   Fig. 4.   Fig. 5.

à laquelle les anciens apiculteurs, frappés de la sollicitude dont l'entourait la population de la ruche, avaient décerné le titre de reine, se distingue facilement de toutes les autres femelles par ses dimensions plus fortes, et des mâles par ses formes plus allongées. Elle ne s'accouple qu'une fois dans son existence, laquelle peut atteindre cinq ou six années, au cours de chacune desquelles elle pond assez régulièrement de quarante à soixante mille œufs, soit un total de deux cents à trois cent mille œufs fécondés par le fait d'une seule copulation. Parfois, et cela arrive dans des ruches orphelines, des ouvrières deviennent fécondes, et, sans accouplement préalable, pondent un certain nombre d'œufs. Mais, par une cause inexpliquée, ceux-ci ne donnent naissance qu'à des mâles ; c'est aussi ce qui se passe chez les femelles normales non fécondées. Les fonctions physiologiques de la reproduction étant ainsi réservées à la reine et aux mâles, tous les travaux de construction et d'entretien, de défense de la maison, les soins incessants de l'élevage de plusieurs milliers de nourrissons, incombent aux ouvrières. Ces dernières, que chacun connaît pour les avoir aperçues butinant sur les fleurs, ont une existence limitée à un an ou un an et demi. Il en faut de neuf à onze mille, suivant l'état de plénitude de leur estomac, pour peser un kilogramme. On a remarqué qu'elles se scindaient volontiers en deux catégories : l'une, constituée par les *pourvoyeuses* ou *nourrices*, s'occupant de la quête du miel et de l'alimentation des jeunes ; l'autre, réunissant les *cirières*, se réservant spécialement à la sécrétion de la cire et à l'édification des logements. Cependant, cette division n'est pas absolue, et, suivant la saison ou les besoins, les cirières deviennent pourvoyeuses, et réciproquement. D'ailleurs, les jeunes abeilles se font d'abord cirières et ne deviennent nourrices qu'ensuite. — **Industrie des abeilles.** La *ruche* est remplie intérieurement par une série de *gâteaux* ou *rayons* (fig. 6) de cire placés pa-

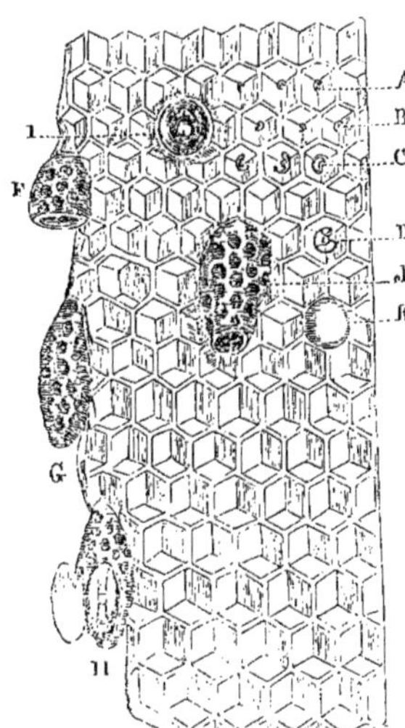

Fig. 6.

A, B, C, larves à divers âges.

D, larve de mâle.

E, alvéole de mâle operculé.

F, alvéole de mère en préparation.

G, alvéole de mère fermé.

H, alvéole de mère ouvert.

I, larve d'ouvrière élevée en mère dans un alvéole agrandi.

J, alvéole de mère abandonné.

rallèlement, à deux ou trois centimètres les uns des autres, constitués par l'accolement des alvéoles ou cellules servant à la fois de magasins pour le miel et de berceaux pour l'élève des jeunes. Chaque gâteau est formé de deux couches superposées de ces alvéoles hexagonaux. Par l'effet d'une géométrie instinctive chez l'abeille, cette disposition est précisément celle qui correspond au maximum d'espace bâti pour un minimum de poids de cire. Dès

mathématiciens, traitant ce dernier problème par les méthodes algébriques, sont arrivés à la solution même que réalisent couramment nos petits insectes. On remarque, dans une ruche, trois sortes d'alvéoles : les plus nombreux sont petits et servent exclusivement de magasins ou de berceaux des futures ouvrières ; d'autres, plus grands, seront destinés à l'élève des mâles ; enfin, saillant sur le bord des rayons, on rencontre quelques cellules ovalaires de grandes dimensions, de forte épaisseur : ce sont les cellules royales, nids où se développeront les jeunes reines qui perpétueront l'individualité de la colonie. A l'époque des premières chaleurs du printemps, l'activité intérieure de la ruche, assoupie par le froid, reprend et va croissant jusqu'au milieu de l'été. Les quelques fleurs déjà écloses ne suffisant pas à son alimentation, on continue à user des réserves emmagasinées dans les rayons ; la mère commence sa ponte ; de nombreux œufs d'ouvrières sont déposés dans les petites cellules (fig. 7) ; vers la fin d'avril ou au commencement de mai, suivant la température, elle produira aussi des œufs de mâles qu'elle saura sûrement placer dans les grandes cellules qui leur

Fig. 7.

ont été destinées. Les œufs éclosent au bout de trois jours. Il en sort une petite larve ou ver blanc qui sera nourrie d'une pâtée que lui préparent les abeilles nourrices. Au bout de six jours, le berceau est muré de cire, et la larve, grossie, demeure trois jours à se filer une sorte de linceul. Alors se fait lentement la transformation en nymphe. La série de ces métamorphoses dure 21 jours pour une ouvrière, et 24 jours pour un mâle. Pendant la ponte, la mère est entourée d'une foule d'ouvrières qui veillent avec sollicitude à ses besoins, la nettoient, la nourrissent et détruisent les œufs multiples qui, par accident, auraient pu tomber dans un alvéole. La température intérieure de la ruche, qui atteint alors de 25 à 30°, suffit à produire l'éclosion de l'œuf. Newport avance que, pour activer le développement du *couvain*, c'est-à-dire de l'insecte en voie de métamorphose, les abeilles, jouant pour ainsi dire le rôle de couveuses, s'entassent sur les rayons et y ajoutent ainsi la chaleur mise en liberté par leur propre digestion et leur respiration. Nous avons dit plus haut que de cet œuf naissait, en trois jours, un petit ver blanchâtre, sans pattes, et doué de peu de mobilité. Il est nourri d'une pâtée formée de miel, de pollen, et du suc gastrique des nourrices, en proportions variant avec l'âge du petit être. La nymphe (fig. 8) qui succède à cette première phase vitale est, à peu près, de la grosseur d'une ouvrière adulte, blanche, entourée de fines membranes transparentes et demeure immobile, en incubation, pendant une semaine. Alors, les mouvements se manifestent ; la jeune ouvrière se dégage de ses enveloppes, perce l'opercule de cire et sort. Les ouvrières la reçoivent, encore molle, humide et pâle, la lèchent, la nettoient, lui sèchent les ailes et lui déposent du miel sur la trompe : le nouveau-né est dès lors apte à jouer un rôle utile dans la communauté. C'est ainsi que les choses se passent jusqu'en avril ou mai, suivant la précocité des chaleurs estivales. Mais, à partir de cette époque, la progéniture de la colonie ne sera plus exclusivement constituée par des ouvrières : la mère, par intervalles, va pondre des œufs de mâles dans les grandes cellules hexagonales, et quelques œufs ordinaires dans les cellules royales. Ces derniers ne sont, en effet, que des œufs à ouvrières identiques à ceux de la ponte normale. Schirach a démontré ce remarquable fait que les mères-abeilles provenaient de larves d'ouvrières logées et nourries d'une façon spéciale : de sorte que l'ouvrière n'est qu'une femelle incomplètement développée ou atrophiée du côté des organes génitaux, par le fait du mode d'élevage. Ceci est tellement vrai que, dans certaines circonstances, les abeilles d'une ruche se procurent des femelles en modifiant le régime des larves d'ouvrières en voie de développement. Les phases de transformation complète durent de 15 à 16 jours pour la femelle. Mais la jeune mère est retenue prisonnière pendant plusieurs jours, alimentée, pendant cette réclusion, au moyen d'un trou percé dans l'opercule, et par lequel les gardiennes lui passent du miel. Elles lui laisseront la liberté au moment de l'*essaimage*.

— **Essaimage.** C'est ainsi qu'un travail incessant d'élevage pendant plusieurs mois a fini par doubler la population de la ruche. Les rayons sont remplis de *couvain* ou larves en voie d'éclosion, de miel, et de réserves de toutes sortes. La chaleur s'est accrue à l'extérieur, et plus encore dans la ruche où le thermomètre peut s'élever jusqu'à 40° ; toute la ruchée est dans un état de surexcitation remarquable ; le mouvement de va-et-vient est incessant ; l'excédent de population, gêné ou trop échauffé, se masse à l'entrée de la ruche où elle se pelotonne en grappe : on dit alors qu'elle *fait la barbe*. Bientôt l'une des jeunes mères prisonnières, la plus forte ou la plus âgée, s'échappe de sa cellule et parcourt la colonie, escortée d'une partie de la population. Elle rencontre la vieille mère ; une antipathie profonde et instinctive règne entre les diverses femelles d'une même ruche ; une lutte s'engage où, rarement bien protégées par leur entourage, il y a mort de reine. L'ancienne ainsi menacée par l'intruse, se résout à l'exil et, suivie d'une grande partie du peuple, émigre au loin : c'est l'*essaimage* La fugitive, au vol paresseux, ne tarde généralement pas à se poser sur une branche d'arbre ou sur tout autre objet saillant ; toute la masse voltigeant aux alentours se précipite sur elle, comme sur un centre d'attraction, et, en peu de minutes, la volée d'insectes qui formait dans l'air une

sorte de petit nuage bourdonnant est devenue une lourde grappe faisant fléchir la branche : c'est l'*essaim*. Sans tarder des abeilles s'élancent dans diverses directions et vont scruter les environs, à la recherche d'un logement. On verrait donc, le lendemain, si on ne l'avait pas auparavant recueilli, l'essaim partir et aller se fixer dans la nouvelle demeure, cheminée ou arbre creux, qu'elle aurait adoptée. Quant à la ruche ainsi appauvrie de la colonie qu'elle a fournie, elle va se préoccuper de combler les vides. La jeune femelle devenue reine-mère manque d'une qualité essentielle à ces fonctions : elle est encore inféconde. Par un beau soleil, elle s'élancera dans les airs, au milieu des mâles qui bourdonnent en se jouant, aux environs du rucher ; au bout de quelques minutes, elle réintégrera son logis et n'en sortira plus que l'année suivante, à l'essaimage. Dès le lendemain, la ponte commencera et la ruche aura repris son train ordinaire. Souvent, et cette circonstance se présente surtout dans les contrées chaudes, ou pendant les années favorables, un premier essaim n'a pas suffi à délivrer la colonie-mère de son excédent de population, de nouvelles émigrations vont successivement en évacuer le trop-plein. Les nymphes des cellules royales, devenues adultes après le départ de l'essaim primaire, vont conduire ces divers exodes ; après quelques jours de captivité, pendant lesquels, renfermées dans leurs prisons de cire, elles font entendre des plaintes stridentes, une ou plusieurs parviennent enfin à briser l'obstacle et à s'élancer au dehors, escortées d'une partie des abeilles environnantes. Ce second essaim se comportera comme le premier. Né douze ou treize jours après le primaire, il peut encore être suivi, trois ou quatre jours ensuite, par un essaim tertiaire ; en Algérie, en Espagne et dans les climats chauds, à celui-ci succèdent bientôt un quatrième et même un cinquième essaim ; mais ces divers rejetons sont de plus en plus débiles et, n'arrivent ordinairement qu'à une vie misérable et courte. C'est ainsi que s'opère, chez les abeilles, la multiplication de l'espèce. Cette période d'activité génésique accomplie, les abeilles ne s'occupent plus que de leur propre existence ; les faux-bourdons, ainsi que les jeunes reines restant dans la ruche sont impitoyablement mis à mort comme bouches inutiles, et toute la population ne s'occupera désormais que de l'alimentation et des réserves intérieures. —

Ruches et ruchers. On désigne par le nom de *ruche* tout logement réservé aux abeilles, quelle que soit sa forme et sa disposition. M. Hamet donne pour étymologie le terme provençal *rusco*, qui signifie à la fois ruche et écorce de chêne-liège ; ce qui s'explique par ce fait que, dans le Midi, on confectionne généralement les ruches avec des plaques de liège brut. Des innombrables formes que l'on a essayées, le *panier* en paille tressée, épaisse et conique, est encore la plus avantageuse dans la pratique agricole courante ; elle est, en effet, assez légère, durable, chaude en hiver et fraîche en été, facile à réparer et à fabriquer, et l'extraction des produits en est aisée. C'est l'un des types les plus anciens et les plus répandus. Mais, certaines circonstances, variables suivant les climats, les sites, le goût du cultivateur, nécessitent évidemment, ainsi que pour tout outillage agricole, des modifications de ce modèle primitif. Toutes ces variétés peuvent être rapportées aux six catégories suivantes : 1° ruches simples ou vulgaires ; 2° ruches à calottes ; 3° ruches à hausses ; 4° ruches à cloisons ; 5° ruches à feuillets mobiles ; 6° ruches diverses, d'observation, d'étude, de fantaisie, etc. 1° Ruches simples : La ruche vulgaire est, le plus fréquemment, en forme de cloche ; elle est alors en paille tressée, en osier ou en léger bois. On en fait, dans les contrées méridionales surtout, en forme de caisse, avec du bois et des plaques de liège ; dans quelques pays on emploie simplement un billot de bois évidé posé verticalement ou, parfois, horizontalement. Quelles que soient la disposition et la forme de ces ruches, elles présentent toutes cette imperfection capitale de ne permettre que fort difficilement la récolte du miel sans l'étouffement de la population, ainsi que les diverses opérations de la pratique apicole. Cependant, le bon marché, la facilité d'entretien et la simplicité de ces modèles primitifs leur valent d'être incomparablement plus répandus que les autres. 2° Ruches a calotte (fig. 9) : Ces ruches présentent aussi des variétés nombreuses sous les noms de *ruches à chapiteau*, à *ruchette*, à *cabochon*, à *capote*, à *caseret*, etc. Le principe est le même pour toutes : superposition d'un magasin ou grenier amovible, où les abeilles vont déposer l'excédent de leur production, et qu'on enlève lorsqu'il est garni de miel : on s'empare ainsi de la récolte sans jeter une nuisible perturbation dans la colonie ni l'affaiblir. De plus, les produits ainsi mis en réserve par la sage activité de l'abeille, sont plus beaux et plus purs que ceux qu'on trouve dans le corps de la ruche. La circulation continuelle de milliers d'insectes,

Fig. 9.

l'élevage du couvain, la chaleur, sont, en effet, autant de causes de souillure pour des matières aussi délicates que le miel et la cire ; la calotte n'étant occupée par les abeilles que dans l'arrière-saison, est rapidement remplie, et à une époque où abondent les fleurs. Le dispositif le plus répandu pour la ruche à calotte est celui d'une ruche simple, en torsade de paille, ou autre, recouverte d'une ruche plus petite ou *ruchette*. Un trou de quelques centimètres de diamètre assure la communication entre l'entresol et le premier étage. Souvent, afin d'aérer la maison

et de se rendre compte de la marche des travaux intérieurs, on ménage aussi au haut de la calotte une ouverture ordinairement fermée par un bouchon. La calotte, suivant les pays, les besoins ou le goût de l'apiculteur, peut revêtir diverses formes ; c'est ainsi que l'on en voit en boissellerie, en osier, même en faïence et en verre. La vente de ces derniers récipients garnis est ainsi plus facile et rémunératrice. Il va de soi que le moment de la pose du chapiteau doit varier avec l'abondance des fleurs, le climat, etc., et que sa grandeur doit être proportionnée à la population et à l'activité de la colonie. Enfin, on le placera avant ou après l'essaimage selon la préférence que l'on aura soit pour le miel, soit pour des essaims. Pour engager les abeilles à édifier dans le magasin qu'on leur offre, on a coutume d'y fixer une *amorce* ou *greffe* constituée par un bout de rayon bien net qu'on fixe à la voûte au moyen de la flamme d'une bougie ou bien d'aiguilles en bois. Lorsque la saison est propice, la première calotte est rapidement remplie ; on peut alors l'enlever et la remplacer, s'il n'est pas trop tard, par une autre vide ; on a ainsi un nouveau supplément de production. La jonction des deux corps de logis devra toujours être parfaitement *lutée* ou *rejointoyée* avec une pâte formée d'argile sèche broyée dans un peu d'huile (*pourget*), plutôt avec du mastic, si l'on en a, ou enfin au moyen d'un ruban imprégné de cire fondue. Signalons deux modifications souvent utiles de la ruche à hausse : la *ruche écossaise* et la *ruche Lombard*. La ruche écossaise (fig. 10), qu'on rencontre fréquemment dans l'Ille-et-Vilaine, est formée de deux corps de ruche en paille identiques et superposés ; le supérieur joue le rôle de calotte. Elle est avantageuse dans les régions où il y a abondance de fleurs mellifères. La ruche Lombard diffère de celles que nous avons signalées plus haut en ce que la communication entre le chapiteau et le corps inférieur est complète et permanente. Ce dernier est communément formé d'un cylindre en paille torsadée, portant à son ouverture supérieure une lattis ménageant des fentes de communication entre les deux parties. De la sorte, la ruche ne peut exister complète sans son chapiteau ; dès qu'on a enlevé celui-ci on doit le remplacer par un autre vide. La ruche ainsi construite

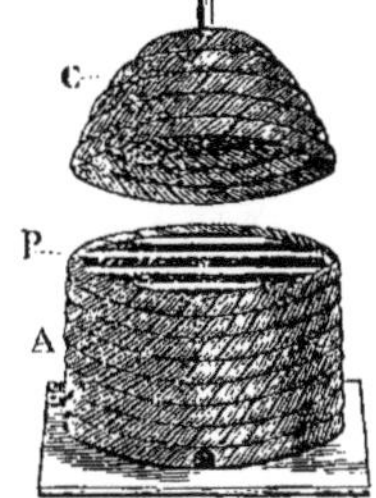

Fig. 10.

A, corps de la ruche.
B, lattes ménageant les fentes de communication.
C, chapiteau.

présente des avantages qui la font rechercher surtout par les apiculteurs qui élèvent des essaims et, simultanément, exploitent les produits de l'abeille. 3° Ruches a hausse (fig. 11) : On donne le nom de *hausses* à des tronçons cylindriques d'égal diamètre que l'on superpose pour constituer une chambre plus ou moins grande selon les nécessités de la culture. La hausse supérieure est nécessairement fermée soit par une calotte, soit par un plafond quelconque. On donne communément aux hausses (fig. 12) une hauteur comprise entre 10 et 15 centimètres; leur diamètre variant de 30 à 35 centimètres, la hausse peut renfermer de 6 à 10 kilogs de produits, ce qui est, en année commune, un prélèvement suffisant sur la réserve hivernale de la colonie. Quelque-fois, pour en simplifier la construction, on ne donne pas de plafond à la hausse; la séparation, au moment de la cueillette, s'opère alors par le moyen d'un mince fil de fer qu'on fait glisser à travers le joint. Ce procédé détermine l'écrasement de nombreuses abeilles et, parfois, celui de la mère; de plus,

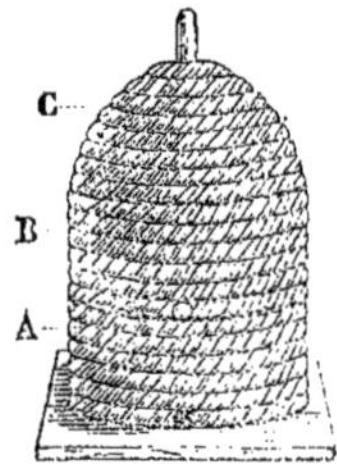

Fig. 11.

A, corps de ruche.
B, hausse.
C, chapiteau.

il donne lieu à des déchirures des rayons et à des pertes de miel. Aussi, dans les meilleures ruches à hausses, termine-t-on chacune des parties par un plafond à claire-voie formé de tringles parallèles à sections triangulaires, distancées de l'écartement normal des rayons. Les communications entre ceux-ci restent ainsi continues du haut en bas de l'édifice, surtout si

Fig. 12.

l'on a eu soin d'amorcer le haut de la calotte au moyen d'un bout de rayon fixé parallèlement aux tringles. Les diverses hausses superposées sont maintenues fixes dans leur position par divers modes de chevillage ou d'agrafage aussi faciles à concevoir qu'à exécuter. Avec la ruche à hausses on peut opérer de deux manières pour la cueillette : ou enlever la hausse supérieure et en replacer une neuve à la partie inférieure; ou bien, la hausse du haut enlevée, la remplacer par la hausse vide. Le premier mode a l'avantage de renouveler progressivement la bâtisse de la colonie, mais il fournit des gâteaux salis et souvent contenant des restes de pollen avarié. L'autre mode donne des rayons neufs mais n'opère pas le renouvellement des gâteaux. On peut d'ailleurs opérer successivement de l'une et l'autre manière, de telle sorte que l'on bénéficie des avantages des deux. En somme, on peut conclure que les ruches à hausses sont constamment avantageuses. Le seul obstacle à la plus grande extension de leur usage ne réside guère que dans la plus grande élévation de leur prix d'achat et la moindre solidité d'une ruche formée de plusieurs parties séparées. 4° RUCHES A DIVISIONS : Beaucoup moins répandues sont les ruches à divisions, ainsi nommées parce qu'elles sont constituées par l'adjonction de deux ou trois parties constituant, comme autant de coupes verticales pratiquées dans une même boîte en forme de caisse prismatique. Le modèle le plus simple

consiste en une boîte sans couvercle, ayant environ 45 centimètres en profondeur, 35 en largeur et une trentaine en hauteur, renversée sur son ouverture qui repose sur une planche ou une dalle. Un trait de scie d'avant en arrière coupe cette caisse en deux parties qui sont les deux *divisions* et qu'on maintient accolées au moyen de crochets ou de liaisons. Le premier constructeur, Gélieu, établissait une cloison percée entre ces deux compartiments. Plus tard, Bosc la supprima; d'autres inventeurs, successivement, donnèrent à la partie supérieure la forme d'un toit; puis disposèrent les coupes frontalement, ou horizontalement, etc. Tous ces dispositifs, en somme, se balancent par leurs avantages et leurs défauts. Ils ont été imaginés dans le but de rendre aisé l'enlèvement de la récolte, l'accroissement ou la réduction d'une colonie, l'examen de l'intérieur. Leur seul inconvénient est d'être beaucoup plus dispendieux que les modèles décrits précédemment. Quelques apiculteurs ont encore poussé plus loin le principe de la division de la ruche en la portant à trois et même à quatre parties. Il en est ainsi pour le type Ravenel, à trois tranches latérales, celle du milieu portant l'entrée; pour le type Serain, où les trois parties sont accolées en profondeur, l'entrée se trouvant à l'un des bouts; pour la ruche Delattre, à toiture et à quatre branches, etc. 5° RUCHES A CADRES : Le principe de celles-ci est ancien, car, d'après un auteur ancien, les Grecs savaient extraire un ou plusieurs rayons d'une ruchée, au moyen d'une petite latte mobile dont ils recouvraient une fente pratiquée au plafond de la ruche; en soulevant cette latte ils enlevaient le gâteau qui s'y trouvait adhérent (fig. 13). Le premier type rationnel de la ruche à feuillets est celui que le célèbre apiphile aveugle, F. Huber, avait construit pour l'étude de

Fig. 13.

l'industrie, encore mal connue, des abeilles (fig. 14). Elle était formée de 6 ou 8 cadres verticaux superposés et maintenus solidaires par deux traverses extérieures. Les deux extrêmes étaient fermés par une lame de verre pour permettre l'observation. En temps ordinaire, des volets la recouvraient pour éviter le

Fig. 14.

refroidissement et la lumière, deux effets nuisibles au travail des mouches. Les cadres avaient environ 50 centimètres de hauteur sur

30 de profondeur et 4 à 6 de largeur. L'entrée est ménagée dans l'épaisseur de la table-support, et correspond à la base du cadre central. Depuis, nombre d'opérateurs ont repris et modifié ce modèle primitif mais ne l'ont, en réalité, guère amélioré. Citons cependant, dans le nombre, la ruche Greslot, en forme de voûte. et dont les feuillets sont en paille. Ces diverses variétés ne peuvent guère être adoptées que comme ruches d'études ou d'observation pour la conduite d'un rucher. Les ruches dites *à cadres* diffèrent des précédentes en ce que les feuillets de celles-ci sont des cadres encastrés dans une enveloppe ou boîte commune. Les plus anciennes et les plus connues sont celles de Prokopowitsk et du Dr Debeauvoys. La première (fig. 15), destinée à

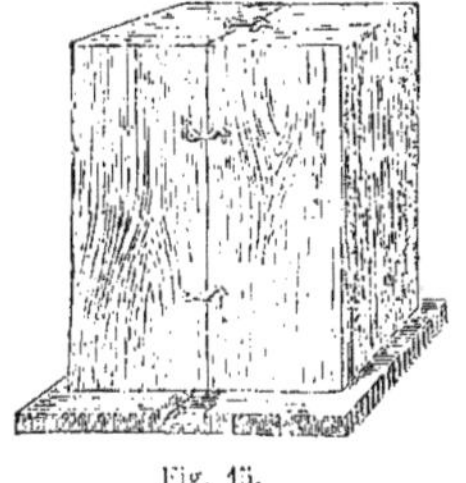

Fig. 15.

des régions éloignées des nôtres, est fort lourde, de grandes dimensions et coûte cher. L'autre a joui d'une grande vogue à son origine. Son auteur lui a donné la forme d'une boîte de 40 centimètres de hauteur, 35 de façade et 38 de profondeur (fig. 16). L'avant et l'arrière sont constitués par un panneau mobile et retenu par quatre agrafes; on peut les enlever soit pour examiner l'intérieur de la ruche, soit pour extraire des rayons. Neuf cadres s'intercalent dans cette boîte parallèlement aux panneaux mobiles, sans toucher complètement les parois. Ils sont maintenus à des distances convenables par des taquets et l'enlèvement s'en fait par l'ouverture du panneau enlevé. On peut, au moyen des précautions générales exposées plus loin, extraire un ou plusieurs cadres garnis et les remplacer par d'autres, vides. Cette ruche est facilement démontable, mais elle est assez coûteuse et abrite mal les abeilles. De plus, la cueillette des rayons n'est pas aussi aisée que dans les précédents, à feuillets. 6° Les RUCHES A RAYONS MOBILES constituent assurément la plus ancienne tentative de perfectionnement apicole. Les premiers Grecs, grands amateurs de miel, et dont les poètes célébraient l'excellence du miel du mont Hymette,

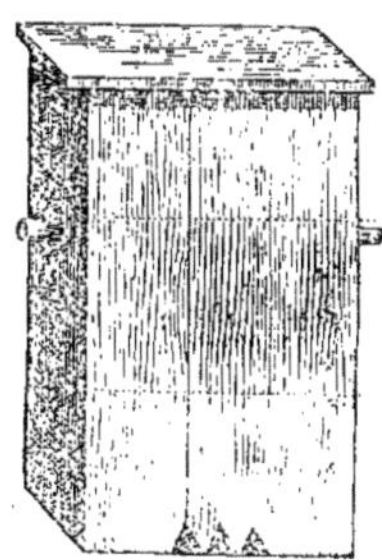

Fig. 16.

avaient trouvé le moyen de prélever à volonté la dîme sur les riches provisions du rucher. Le dessus du panier-ruche était formé de lattes mobiles au-dessous desquelles les abeilles fixaient leurs rayons. Rien de facile, dès lors, comme d'enlever un ou plusieurs de ces gâteaux. Ces ingénieux apiculteurs furent même conduits à une intéressante application de ces rayons

amovibles; en choisissant parmi eux les plus garnis d'insectes et les transportant aussitôt dans un corps de ruche neuf, ils faisaient rapidement des essaims artificiels. On remarquera la simplicité et la grossièreté de cette ruche, dite *ruche grecque* ou *ruche candiote* (parce qu'elle est répandue en Candie), par une grossière vannerie en saule, plus large en haut qu'en bas, et qu'on enduit des deux côtés d'une épaisse couche d'argile mêlée de bouse. Le plafond, formé de quatre ou cinq lattes juxtaposées, est lui-même recouvert de cet enduit, puis d'un lit de paille maintenu par une pierre. Le climat aidant, ces ruches primitives fournissent de bons résultats. Le principe des rayons mobiles a été utilisé dans une ruche qui a été fort préconisée et est encore fort commune en Allemagne, la *ruche Dzierzon* ou *ruche jumelle* (parce qu'elle est construite de manière à pouvoir s'adosser à une autre ruche identique). C'est une caisse en carré-long, de 68 centimètres de longueur, 45 de largeur et de 35 à 36 de hauteur, construite en sapin léger. Dans ce modèle, les traverses porte-rayons, au lieu de se poser sur le plafond de la caisse, glissent sur deux petites glissières courant sur les deux longs côtés de la boîte à environ 8 centimètres du plafond constitué par une planche. De la sorte, on peut, à volonté, rapprocher ou éloigner les rayons, et se ménager dans l'espèce d'entresol ainsi produit, une chambre de réserve à livrer aux abeilles si les circonstances l'exigent. Les deux extrémités du coffre ruche sont fer-

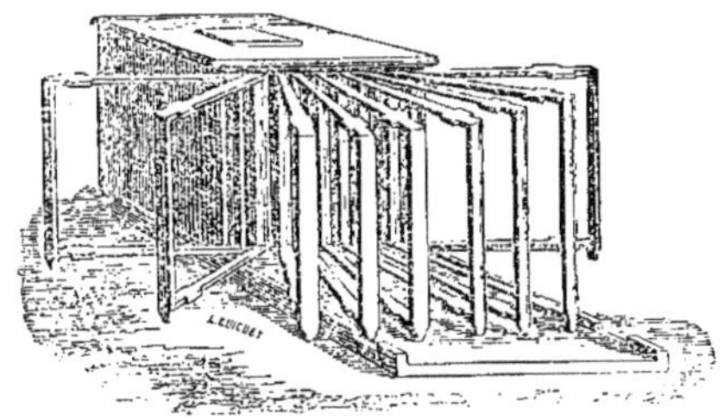

Fig. 17. — Ruche à feuillets ouverte.

mées par des panneaux mobiles que des loquets retiennent en place. L'extérieur de la ruche

Fig. 18. — Ruche à feuillets (fermée).

Dzierzon est disposé de manière à pouvoir être enveloppé d'une couche protectrice de paille. Sa forme et ses dimensions lui permettent de s'adjoindre une seconde ruche; on a ainsi un soubassement à peu près carré sur lequel on peut empiler trois ou quatre autres couples. L'ensemble constitue un petit pavillon-rucher peu encombrant. 7° RUCHES DIVERSES (fig. 17, 18 et 19): Innombrables sont les variétés de formes et de dispositions souvent bizarres que l'imagination ou la manie de la nouveauté ont

Fig. 19. — Ruche Bastien.

suggérées à une foule d'inventeurs. Il y a, toutefois, une ruche que l'amateur désireux de se rendre compte *de visu* du travail et des mœurs de l'abeille, devra toujours posséder dans son rucher : la *ruche d'observation* (fig, 20), laquelle

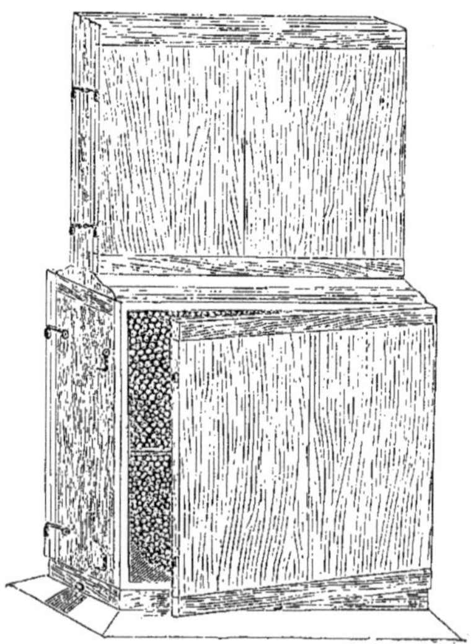

Fig. 20.

peut aussi rendre à l'apiculteur de profession de signalés services, en lui montrant à tout instant l'état des travaux dans les ruches, ainsi que le degré d'avancement du

couvain, etc. L'un des premiers types de la ruche d'observation a été créé par P. Huber; la ruche en bois, à feuillets rectangulaires, lui servit en effet à l'étude de l'histoire naturelle de nos hyménoptères. Mais la manœuvre, l'extraction des feuillets ainsi que l'observation est malaisée et souvent dangereuse. Aussi de nombreux modèles différents ont-ils été construits depuis. Pour remplir parfaitement son objet, une telle ruche devrait ne renfermer qu'un gâteau unique. Mais, dès lors, par sa forme aplatie et ses parois de verre elle est peu favorable à la conservation de la chaleur nécessaire au travail de l'élevage, et la colonie périclite. M. Hamet a paré à ces divers inconvénients en formant sa ruche d'études d'un corps inférieur qui n'est qu'une ruche rectangulaire en bois, à cadres mobiles, de 40 centimètres de hauteur et de profondeur et de 22 à 25 de largeur frontale, surmontée d'un chapiteau à faces vitrées, pour un seul rayon, et n'ayant, par suite, que 3 à 4 centimètres d'épaisseur. Deux volets à charnières se rabattent à volonté sur les deux faces vitrées et maintiennent dans le chapiteau la chaleur qui est produite dans le corps inférieur. L'unique rayon du chapiteau peut, de plus, être amené au dehors en ouvrant le panneau latéral et attirant la réglette sur laquelle le panneau est soudé. Toutes les ruches d'observation à parois vitrées doivent être protégées avec soin des intempéries et maintenues dans l'endroit le plus chaud du rucher. — **Fabrication des ruches en paille.** Les *paniers* ou ruches en paille, sont les plus répandus. La paille doit être de seigle, longue, propre et battue de telle manière qu'elle soit écrasée et non brisée dans sa longueur. Les modèles les plus grossiers, ceux usités en Bretagne, par exemple, sont constitués d'un toron de paille serrée, de 3 à 4 centimètres de diamètre, enroulé sur lui-même et dont les tours successifs sont fixés au moyen d'une éclisse en ronce ou en bois flexible. Le travail est analogue à celui de la confection des chapeaux de paille (fig. 21). On part du centre du plafond et, en se guidant à l'œil, suivant la hauteur, la largeur à donner à la ruche, on coud chaque tour plus ou moins extérieurement sur le précédent. Arrivé

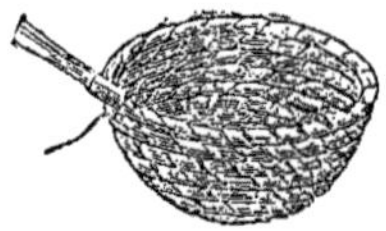

Fig. 20.

au rebord extérieur on laisse le boudin de paille se terminer en queue de rat et on l'arrête bien au niveau du contour. Dans ces types où l'on ne vise guère qu'au bon marché, on ne pratique pas d'entaille pour l'entrée de la ruche; le cultivateur y pourvoit par le moyen de deux petits cailloux qu'il place comme deux cales; le joint, tout autour, est luté de terre glaise. Il est préférable de pratiquer une coupe de 10 centimètres de longueur dans le dernier toron, ce qui permet de poser la ruche sur un plateau quelconque et non pourvu d'entaille pour l'entrée des mouches. Pour les hausses et pour les ruches à corps cylindrique on facilite et régularise le travail en s'aidant d'un disque en bois (fig. 22), du diamètre de l'intérieur de

Fig. 22.

la ruche, et portant à l'extérieur une gorge où vient se placer le cordon à mesure qu'on l'enroule. Les fabricants de ruches emploient des *métiers* plus perfectionnés, entre autres, le métier OEttl, pour les ruches à corps ou à hausses cylindriques; le métier Lelogeais et le métier Durant servant pour les formes ordinaires. Les ruches, une fois construites, ont, en outre, à être *garnies*, c'est-à-dire munies de leurs traverses intérieures. Ces traverses, au nombre de deux, trois ou quatre, suivant la grandeur de la ruche, sont de simples baguettes de bois lisse qu'on fixe, en les croisant les unes au-dessus des autres, dans l'épaisseur des parois de la ruche. Elles consolident le système des rayons et permettent le transport des colonies sans rupture de ceux-ci. On a soin, en plaçant ces traverses, de les faire saillir extérieurement de manière à en permettre l'extraction lors de la récolte du miel. — **Le Rucher.** Le *rucher* (fig. 23) est constitué par l'ensemble des ruches et de leur abri. Les ruchers peuvent se ramener à deux catégories : les ruchers en plein air, et les ruchers sous abris. Les premiers sont, de beaucoup, les plus nombreux. Le peu de frais qu'entraînent leur installation et leur entretien, la facilité de déplacement et de circulation autour des ruches, sont autant d'avantages qui ne sont pas toujours compensés par ceux qu'offre l'abri du rucher couvert. La disposition la plus simple consiste à relever la terre en bandes parallèles de la largeur des ruches qui se trouveront ainsi sur-

Fig. 23.

élevées de quelques décimètres au-dessus du sol. Sur ces bandes on place, à des intervalles égaux, des pierres ou des trépieds qui serviront de support aux ruches. Les sentiers ménagés entre ces rangées serviront à circuler entre elles et à permettre l'examen des ruches. Chacune de celles-ci est protégée des atteintes de la pluie et du soleil par des abris dont la nature varie avec les localités. En quelques-unes, ce sont des cônes de paille coiffant le panier et maintenus sur lui par un lien; en d'autres, c'est une simple tablette en bois ou en pierre mince; en Bretagne, on voit le plus fréquemment les ruches recouvertes par une simple motte de gazon retournée la terre à l'extérieur. Quand on dispose d'une haie ou d'un mur convenablement exposés, il est habile de faire profiter le rucher

de ce brise-vent tout préparé. On établira donc les rangées de ruches parallèlement à cet abri, à partir d'un mètre, environ de celui-ci. Quant au rucher-abri, le plus parfait sera une maison-chalet en torchis ou pisé, couverte en chaume, et exposée au levant, sous la protection d'un rideau d'arbres ou d'un mur, s'il est possible. La façade sera percée de un ou plusieurs rangs d'ouvertures, devant lesquelles s'appliqueront, de l'intérieur, les ruches qui les boucheront le plus exactement possible. Des étagères courant le long de ces ouvertures serviront de support aux ruchées. Deux portes pratiquées dans les pignons donneront le passage au dedans du rucher et permettront de faire circuler un courant d'air pour le maintenir frais et sec. D'autres ruchers sont limités à une simple toiture adossée à un mur, et sous lequel on abrite les ruches, chacun suivant ses goûts ou ses besoins, pouvant modifier à volonté les dispositions du bâtiment-rucher. Quelles qu'elles soient, il est nécessaire, dans tous les cas, d'observer certaines précautions indispensables à la prospérité des colonies. Les herbes devront être fauchées aux alentours ; les plantes fortement odorantes écartées ; les forêts ou bouquets de bois humides et sombres seront évités. On s'écartera autant que possible dés étables, des maisons habitées, ainsi que des usines, des dépôts de fumier et en un mot de tout ce qui pourrait être pour les abeilles une cause de distraction, de répulsion ou de danger. Le voisinage d'une prairie entourée d'arbres et où, au milieu des légumineuses (trèfles, sainfoins, mélilots, etc.) circule de l'eau limpide leur est éminemment favorable. On devra éviter à tous prix les effets nuisibles des vents froids qui gênent les travaux des insectes et retardent les essaimages. — **Pratique et travaux apicoles.** 1° RÉCEPTION DE L'ESSAIM : Prenons la colonie à sa naissance, c'est-à-dire au moment où elle se sépare de sa mère, par l'essaimage. On connaît les pratiques vulgaires par lesquelles, dans quelques provinces, les paysans espèrent empêcher la fuite de l'essaim et en obtenir la descente rapide : femmes et enfants frappent à coups redoublés sur des chaudrons, tandis que les hommes crient ou tirent des coups de fusil, espérant par ce tintamarre, inspirer aux fugitives la crainte du tonnerre. Quelques apiculteurs plus sages se bornent à projeter dans le plus épais de la foule voltigeante, de la fine poussière ou de l'eau pulvérisée par les lèvres : les insectes ainsi atteints ont une tendance à se poser et à entraîner avec eux le reste de l'essaim. Quoi qu'il en soit, après quelques minutes de vol tourbillonnant, celui-ci va, le plus ordinairement, se condenser en une lourde grappe, à l'extrémité d'une branche d'arbre. Sans plus attendre, on apporte la ruche choisie pour recueillir la nouvelle colonie ; on la visite pour s'assurer qu'elle est en bon état, et l'on peut, si l'on a du miel à sa portée, en coller un peu au fond du récipient. Quelques apiculteurs ne redoutant pas les piqûres des insectes, opèrent à visage découvert ; les autres font prudemment de se masquer d'un camail ou casque léger recouvert d'une toile métallique ou d'un canevas léger (fig. 24), qui

Fig. 24.

préserve la figure et le cou, en même temps que des gants de laine protègent les mains. On a bien soin aussi de fermer toutes les ouvertures que les vêtements offriraient à l'agression des abeilles irritées, manches, pantalon, col, au moyen de ligatures. Ceci fait, retournant la ruche au-dessous de la grappe, on l'y fait tomber, soit par une secousse imprimée à la branche si c'est possible, soit en s'aidant d'un petit balai. On va alors retourner le récipient sur un plateau ou un linge qu'on a posé près de soi ; l'essaim recueilli se fixe à l'intérieur, et au bout de moins d'une heure, tous les insectes ont rallié leur quartier général. Puis l'on place la ruche à la place qu'on lui aura assignée dans le rucher, laquelle ne devra jamais être à proximité de la ruche-mère, ce qui pourrait produire l'émigration d'une partie de la population de l'essaim vers la mère. Souvent on reçoit l'essaim dans un récipient quelconque, dans un sac par exemple, qu'on va vider à l'entrée de la ruche définitive, amorcée au préalable avec un peu de miel. C'est d'ailleurs ainsi qu'il est nécessaire d'opérer lorsque l'essaim s'est fixé au sommet d'un arbre qu'il est difficile d'atteindre. On maintient ouverte l'entrée du sac au moyen d'un cercle léger ; dans un ourlet passe un cordon qui pend à portée de la main et qui permet, en tirant dessus, d'opérer, à distance la fermeture du sac ; enfin, au moyen d'une sorte de fourche à long manche, on va en porter l'entrée juste au-dessous de l'essaim, tandis qu'un aide avec une perche, secoue la branche et fait tomber la grappe dans le sac. Alors on serre la coulisse et l'essaim capturé est vidé dans la ruche qu'on lui a préparée. Il arrive souvent que les abeilles vont élire domicile dans un arbre creux, un trou de mur, etc. Pour les en déloger, on pratique une ouverture à la partie supérieure du logement et on y place la ruche nouvelle. En approchant de l'entrée inférieure des chiffons en combustion lente, la fumée, pénétrant à l'intérieur, fera fuir les insectes qui gagneront, peu à peu, la ruche. Parfois, l'essaim ne se pose point, ou ne se repose que momentanément ; il ne tarde pas à rentrer dans la ruche-mère ; c'est ce qu'on nomme le *faux-essaimage*. Cet accident se produit lorsque la mère n'est pas sortie ou est rentrée en hâte, ou bien lorsqu'elle s'est égarée, est tombée par terre, sans que les autres abeilles l'aient aperçue. Le poids d'un essaim est variable selon le pays et les circonstances climatologiques. Il est, communément, pour un essaim primaire, de 2 kilogs ; ce qui suffit à remplir à moitié ou aux trois quarts une ruche de 18 litres de capacité. De très beaux essaims peuvent peser le double. On doit évidemment

donner aux nouvelles colonies des logements d'une taille proportionnée à leur importance. L'essaim primaire est, au bout de 8 ou 9 jours, suivi d'un essaim secondaire. L'apiculteur est averti un ou deux jours avant sa sortie, par les cris répétés de la jeune mère prisonnière dont le départ va entraîner la sortie de l'essaim. Ces cris qu'on peut comparer à la plainte stridente d'une grosse mouche qu'on serre entre les doigts, ou à la stridulation du grillon à l'intérieur de son terrier, annoncent que la nouvelle femelle, emprisonnée dans son berceau, fait des efforts pour s'en dégager. Si le temps n'est pas propice pour la sortie de l'essaim, il s'en suit un retard qui peut être de plusieurs jours, pendant lesquels de nouvelles femelles aboutissent et sortiront ensemble ; c'est là une circonstance fâcheuse car il pourra en résulter le départ de la reine de la ruche-mère qui court risque alors de devenir orpheline. Les essaims secondaires, ainsi que les tertiaires qui peuvent leur succéder après 3 ou 4 jours, sont d'une humeur plus vagabonde que les premiers, ce qui tient à la présence d'une mère jeune et active. Aussi ont-ils une tendance à aller au loin se fixer, et quelques-uns dans leur course de plusieurs heures, échappent-ils au propriétaire. Les essaims secondaires ne pèsent guère que la moitié des primaires ; les tertiaires, lorsqu'il s'en produit, pèsent encore moins. Lorsqu'on a affaire à une ruchée encore populeuse après le second essaim, ce dernier peut être encore recueilli sans grand inconvénient pour la mère-ruche. Mais, dans la majorité des cas, il en résulte un épuisement trop complet pour elle et il est nécessaire de lui rendre la population qui vient d'émigrer. — 2° MANIPULATION DES ABEILLES ; RÉUNION DES COLONIES. De tous temps on a remarqué l'action particulière de la fumée sur les abeilles : Virgile la mentionne dans ses *Géorgiques*. Lorsqu'on projette de l'air chargé de fumée sur un groupe d'abeilles, les insectes témoignent aussitôt de leur surprise et d'une sensation désagréable ; si la fumée est peu dense, elles s'enfuient ; mais si la production en est abondante, elles sont immédiatement comme narcotisées, se dressent sur leurs pattes de devant et agitent rapidement leurs ailes pour renouveler l'air autour de leurs organes respiratoires. On dit alors qu'elles *sont en bruissement*. En cet état, qu'on peut considérer comme la première phase d'une sorte d'anesthésie produite par les vapeurs dégagées par la combustion, les abeilles ont, à peu près, perdu la notion de ce qui se passe autour d'elles ; on peut les transporter et les manipuler de toutes manières sans qu'elles cherchent à s'enfuir. On profite de cette prostration des insectes pour faire toutes les opérations apicoles qui nécessitent le contact direct avec eux : transvasement, réunion de colonies, examen de l'intérieur des ruches, extraction du miel, etc. En un mot, la fumée est l'auxiliaire le plus utile et le plus efficace de l'apiculteur qui doit avant tout apprendre à s'en servir. L'outillage strictement nécessaire pour l'enfumage est bien simple : un simple saucisson de chiffon tordu auquel on met le feu par une extrémité (fig. 25). Les apiculteurs qui ne reculent pas devant une légère dépense, emploient à cet effet, un ustensile bien plus maniable : c'est l'*enfumoir* (fig. 26), cylindre en fer, à deux douilles fixées sur chaque fond, dans le prolongement de l'axe. L'une des douilles est destinée à recevoir la buse d'un soufflet de cuisine ordinaire ; l'autre, qui s'amincit à son extrémité de manière à ne plus y conserver qu'un diamètre voisin de

Fig. 25.

celui du petit doigt, a une longueur de 10 à 15 centimètres ; c'est le tube projecteur de la fumée qui est chassée par le soufflet engagé

Fig. 26.

dans la première douille. Une porte à coulisse disposée comme celle des grilloirs à café et fermant exactement, permet de loger dans le cylindre du chiffon dont on entretient la combustion en actionnant doucement le soufflet. On a fort souvent à opérer la réunion soit de colonies, soit d'essaims entre eux : c'est ce qui arrive lorsqu'on juge qu'une ruchée ou que des essaims seront trop faibles pour prospérer ; on en réunit deux ou plusieurs. On met les deux colonies en état de bruissement soit au moyen du saucisson ou de l'enfumoir, puis renversant les récipients, on déverse le contenu de l'un dans celui qui doit recevoir le tuot ; On redresse celle-ci, et, comme il demeure toujours un certain nombre d'abeilles dans l'autre, on la laisse quelques heures au contact de la première ruche, de telle sorte que les insectes restants aillent se joindre aux autres. L'effet de la fumée, est remarquable : tandis que, sans elle, les abeilles des deux colonies se livreraient pendant quelques jours des combats acharnés où nombre d'entre elles périraient, après le bruissement, revenues à elles, les abeilles fraternisent et s'acceptent mutuellement. En règle générale, toutes les fois qu'on devra mettre en rapport les populations de deux colonies différentes, il faudra les y préparer par l'enfumage. Toutefois cette préparation n'est pas indispensable lorsqu'on unit des essaims sortis dans la même journée. Dans ce cas, ayant préparé la ruche qui doit devenir définitive, et où se trouve déjà le premier essaim, on secoue tout près d'elle, sur un plateau, les autres essaims qu'on veut lui ajouter. La fusion s'opère sans conflits paisiblement. On opère encore par l'enfumage préliminaire, lorsqu'il s'agit de rendre à une mère-ruche trop faible l'essaim qu'elle a produit, ou lorsqu'on veut produire des *essaims artificiels*. — 3° Essaims artificiels. Se basant sur ce fait d'expérience que les abeilles ont la faculté de transformer, s'il est besoin, une larve d'ouvrière de moins de quatre jours en une nymphe de reine, on fera sortir d'une colonie la mère accompagnée d'une partie de la popu-

lation et on la recevra dans une autre ruche qui constituera un véritable essaim et se comportera comme lui. Les abeilles demeurées dans l'autre ruche transformeront, comme il vient d'être dit, des larves en nymphes-reines, élèveront de nouveau couvain et remplaceront ainsi la perte qu'on leur aura fait subir. Voici comment se fait le transvasement : On projette d'abord un peu de fumée aux abeilles gardiennes, puis on décolle la ruche et on la transporte vivement à quelques mètres, à l'abri du vent et du soleil. On la retourne sens dessus dessous et on la cale au moyen de cailloux ou d'un peu de terre. On recouvre aussitôt l'ouverture d'une ruche neuve au fond de laquelle on aura bien fait de répandre un peu de miel et même de fixer un bout de rayon amorce. Souvent on ligature le joint des deux paniers par une bande d'étoffe qui empêche la sortie des insectes. Enfin, prenant de chaque main une légère baguette on tapote alternativement sur la ruche inférieure. Le bruits et les trépidations ne tardent pas à déterminer l'ascension des abeilles. On en suit les progrès par l'approche de l'oreille. Lorsqu'on juge que la majeure partie de la population a émigré, ce qui arrive après un laps de temps de 10 à 20 minutes, on sépare les deux ruches et on les transporte aux emplacements qu'on leur aura fixés. Il s'agit maintenant d'éviter que l'essaim ainsi formé ne se dépeuple en retournant peu à peu à la ruche-mère ; on pare à cet inconvénient de plusieurs manières dont les plus pratiques sont les suivantes : emporter la colonie artificielle à grande distance de la mère, et l'y laisser pendant plusieurs jours ; ou bien, au contraire, poser les deux ruches côte à côte de manière que les abeilles en revenant de la cueillette se partagent entre les deux locaux ; on peut même, en les écartant plus ou moins, modifier sensiblement la proportion des rentrées. Une telle opération peut donner un résultat négatif : c'est lors que la mère-abeille n'aura pas passé dans la ruche nouvelle ; on s'en apercevra en soulevant celle-ci au bout de quelques minutes : l'absence de reine sera rendue manifeste par l'inquiétude et l'agitation de la masse des insectes et par leur tendance à s'envoler et à rejoindre la métropole. A ceci il n'y a guère qu'un remède, lorsqu'on n'opère pas avec des ruches à divisions ; c'est de replacer l'essaim manqué à proximité de la ruche primitive. Au bout de peu de temps, tout est rentré dans celle-ci. On pourrait, en opérant d'une manière semblable, obtenir de la souche une seconde colonie artificielle ; 13 ou 15 jours après le premier essaim obtenu, on entend le chant des jeunes mères qui ont été élevées depuis dans la première ruche ; c'est alors le moment d'agir. Mais il est imprudent de le faire avec une ruchée peu populeuse et, à sa sortie naturelle, il est préférable de rendre l'essaim secondaire à la mère. Les essaims artificiels, dans les ruches simples, peuvent encore être obtenus, par le procédé suivant dû à l'apiculteur Schirach. On extrait, au beau milieu du jour, d'une forte ruche, un ou deux fragments de gâteaux munis de couvain à divers états; on les fixe, avec des chevilles, au dôme d'une ruche et on y ajoute, si l'on peut, un rayon contenant encore du miel. Cela fait, on pose le panier ainsi préparé, au lieu et place de la première ruche qu'on va placer au loin. Les ouvriers, de retour des champs, pénètrent dans le nouveau local, s'y fixent et y travaillent en constituant bientôt une nouvelle colonie. Les moyens que nous venons de décrire sommairement pour produire l'essaimage artificiel ont tout à fait primitifs mais s'appliquent aux ruches simples, sans divisions ni hausses. Lorsqu'on agit sur ces dernières on a de nouvelles ressources pour opérer. Voici le mode opératoire le plus convenable selon que l'on a affaire à des ruches de deux hausses, à des ruches plus divisées, enfin à des ruches quelconques. 1° *Essaimage des ruches à deux hausses* : Vers l'époque des premiers essaims, dans la localité où l'on est, on surmonte la ruche d'un chapiteau muni d'une *échelle* (petit bâton fixé verticalement à sa voûte et descendant jusqu'au sommet de la ruche) et d'un gâteau-amorce. Les abeilles montent dans cette annexe ; une fois remplie, on intercale une hausse vide ; les insectes y descendent et y prolongent leur bâtisse ; la mère pond au fur et à mesure et, bientôt, les deux parties surajoutées constitueront une véritable ruche qu'on n'aura plus qu'à séparer pour en faire un essaim artificiel tout prêt à vivre d'une vie indépendante. Lorsqu'on a constaté que la nouvelle ruche formée du chapiteau et de la hausse est suffisamment garnie, on la sépare de son soubassement, au moyen d'un fil de fer qu'on fait traverser perpendiculairement au plan des gâteaux ; on la porte à quelque distance, tandis que l'on recouvre la vieille hausse ainsi découverte. Généralement, il règne, au moins pendant une journée, une certaine agitation dans la nouvelle colonie : elle indique que la mère est demeurée dans l'autre hausse ; si le calme se rétablit peu à peu, c'est que les insectes ont reconnu pouvoir former de nouvelles mères ; au contraire, la persistance de l'inquiétude et du désordre est le signe que le couvain n'est pas propre à fournir des reines ; l'opération est manquée et il faut replacer sur l'ancienne hausse la nouvelle ruche ; on pourra recommencer quelques jours après. 2° *Avec les ruches à hausses multiples,* on agira, de préférence, après le coucher du soleil. On décolle la hausse supérieure, et par l'entrebaillement, on projette de la fumée qui stupéfie les abeilles et les fait descendre, pendant qu'un aide, glissant un fil de fer à travers le joint, achève la séparation ; on y réussit très facilement lorsque les hausses, ainsi que le préconise le professeur Hamet, sont munies d'un plafond à clayonnage. Tout en entretenant un léger enfumage on glisse une hausse neuve entre les deux parties séparées, et l'on attend au lendemain, à la même heure. A ce moment, on enfume, avec intermittences, par l'entrée de la ruche, ce qui force les insectes à s'élever et à se répandre dans la hausse intercalée, s'ils ne l'ont pas déjà fait pendant l'intervalle écoulé. Au bout d'une dizaine de minutes, on enlève l'ensemble des deux hausses supérieures, constituant l'essaim artificiel, que l'on transporte à quelque distance, et l'on plafonne la partie restante de la ruche-souche. Comme dans le procédé précédent, l'agitation, le départ des abeilles de la nouvelle ruchée, indiqueront que la reine est absente ; l'opération est manquée, et il faut aussitôt rétablir les hausses dans leur situation respective. On pourra alors réitérer dès le lendemain la même expérience. L'essaim obtenu par ce procédé est pourvu de bâtisse et de provisions ; il peut donc se livrer immédiatement à l'élevage du couvain, de sorte que, après une ou deux semaines, on pourra, dans les bonnes années, lui fournir une hausse supplémentaire et lui demander un nouvel essaim. 3° *Avec des ruches quelconques :* On s'est procuré une hausse plafonnée ou un chapiteau garnis de leurs rayons (provenant d'une séparation opérée antérieurement sur une ruche à hausses). On y superpose la ruche-mère, en ayant soin de laisser une ouverture de communication entre les deux récipients. Deux jours après, le soir, on enfume légèrement, on sépare la vieille ruche et on la transporte à distance. Le plus souvent, la mère est restée dans celle-ci, et il y a dans l'autre des larves propres à donner de jeunes reines. L'essaim age est alors réussi. Si l'on aperçoit de l'inquiétude et du désordre dans l'une des deux colonies, il est prudent de rétablir l'édifice primitif et de reprendre ultérieurement l'opération manquée. Les ruches à divisions, par exemple celles du type Oettl, rendent bien facile le travail de l'apiculteur : il suffit, pour former un essaim, d'extraire une division et de la remplacer par une autre vide. Grâce à cet artifice on peut obtenir des colonies précoces, en temps voulu, s'éviter l'ennui de surveiller le départ des essaims et d'en perdre quelquefois. Seulement, pour réussir dans cette voie, il faut une certaine habileté qu'on n'obtient que par l'observation persévérante des habitudes des abeilles. — **Récolte des produits de la ruche.** Une coutume barbare, encore trop suivie dans nos campagnes, est l'étouffage des abeilles pour en débarrasser la ruche ; il consiste à faire brûler une mèche soufrée dans un trou du sol au-dessus duquel on pose la ruche. L'acide sulfureux asphyxie les insectes et anéantit une colonie populeuse et active. On doit s'efforcer de conserver ces utiles insectes et de les écarter de la ruche sans les tuer ; on y parvient aisément par l'enfumage. Voici le mode opératoire. On choisit, dans le rucher, une ruche peu populeuse, on y insuffle un peu de fumée ; on enfume également la ruche à supprimer et on la retourne ; on lui superpose la première ruche, on calfeutre le joint, en n'y laissant qu'une entrée par laquelle on continue, pendant quelques instants, à projeter de la fumée ; des deux côtés les abeilles entrent en bruissement. Dès le lendemain les mères des deux colonies se rencontrent et se livrent un combat : l'une des deux